Impressum:

Copyright © 2015 GRIN Verlag, Open Publishing GmbH
Druck und Bindung: Books on Demand GmbH, Norderstedt Germany
ISBN: 978-3-668-23240-2

Dieses Buch bei GRIN:

http://www.grin.com/de/e-book/323173/der-anthropogene-treibhauseffekt-10-
klasse-realschule

Anja Schulte

Der anthropogene Treibhauseffekt (10. Klasse, Realschule)

GRIN Verlag

15.09.2015

<u>Unterrichtsentwurf</u>

anlässlich eines Unterrichtsbesuchs gemäß § 7 (8) APVO-Lehr

Fach: Erdkunde
Klasse: 10bRS
Anzahl der Schüler/innen[1]:
Datum: 24.09.2015
Uhrzeit:10:50 Uhr-11:35 Uhr

<u>Thema der Unterrichtseinheit</u>:

Klimawandel

<u>Kompetenzen der Unterrichtseinheit</u>

Die SuS „entnehmen geographisch relevante Informationen aus Grafiken, Tabellen und

Klimadiagrammen."[2] und **„verknüpfen Informationen aus verschiedenen Darstellungsformen**

unter einer vorgegebenen Fragestellung."[3] *(U.stunden[4] Nr.1,3)*. Sie „erläutern die Darstellung

geographischer Sachverhalte, die in Mindmaps, Kausalketten oder Wirkungsgefügen dargestellt

werden."[5] *(U.stunden Nr. 5-9).*

Darüber hinaus erläutern sie komplexe Sachverhalte und Darstellungen unter Verwendung der

Fachsprache sachlogisch geordnet"[6] *(U.stunde Nr.4).*

Des Weiteren bewerten die SuS „humangeographische Prozesse unter dem Leitbild einer

nachhaltigen Entwicklung"[7] *(U.stunden Nr.10, 13, 14).* Überdies werten die SuS „komplexe

thematische Karten aus"[8] *(U.stunde Nr.8)* und **erläutern klimatische Prozesse in der Atmosphäre**

und natürliche Ursachen und Folgen des Klimawandels.[9] *(U.stunde Nr.2,3)*

---

[1] Schülerinnen und Schüler werden im Sinne einer besseren Lesbarkeit im Folgenden mit „SuS" abgekürzt
[2] Niedersächsisches Kerncurriculum (Hrsg.) Kerncurriculum für die Realschule. Schuljahrgänge 5-10 Erdkunde. Hannover, 2014, S.16
[3] Ebd.
[4] Unterrichtsstunde(n)
[5] Ebd.
[6] Ebd.,S.17
[7] Ebd.,S.18
[8] Ebd.,S.19
[9] Ebd.,S.20

<u>**Gliederung der Unterrichtseinheit**</u>

U. Std. [10]	Thema	Verfahren/Methode	Kompetenzen	AdS[11]
1	Einstieg- Klimawandel	*Erarbeitendes Verfahren* Text- und Bildarbeit, Klimadiagramme	Fachwissen, Erkenntnisgewinnung durch Methoden	1
2	Der natürliche Treibhauseffekt	*Erarbeitendes Verfahren:* Gruppenmixverfahren	Fachwissen, Erkenntnisgewinnung durch Methoden, Kommunikation	1
3	**Der anthropogene Treibhauseffekt**	***Erarbeitendes Verfahren* Wirkungsgefüge**	**Fachwissen, Erkenntnisgewinnung durch Methoden, Kommunikation, Beurteilung und Bewertung**	**1**
4	Das Ozonloch- eine vorübergehende Erscheinung?	*Erarbeitendes Verfahren* Bild- und Textarbeit	Fachwissen, Erkenntnisgewinnung durch Methoden, Beurteilung und Bewertung	1
5	Auswirkungen des Klimawandels: Palmen bald auch in Deutschland?	*Erarbeitendes Verfahren:* Partnerinterview	Erkenntnisgewinnung durch Methoden, Kommunikation, Beurteilung und Bewertung	1
6	Auswirkungen des Klimawandels: Australien- ein Kontinent trocknet aus	*Gelenkt-entdeckendes Verfahren* Kartenarbeit, Textarbeit	Räumliche Orientierung, Fachwissen, Erkenntnisgewinnung durch Methoden, Beurteilung und Bewertung	1

[10] Unterrichtsstunde
[11] Anzahl der Stunden

8	Auswirkungen des Klimawandels: Heiß statt Eis- Das Abschmelzen der Gletscher	*Erarbeitendes Verfahren* Lerntempoduett	Fachwissen, Erkenntnisgewinnung durch Methoden, Beurteilung und Bewertung	1
9	Auswirkungen des Klimawandels: Land unter- Ertrinkt Ozeaniens Inselwelt?	*Genetisches Verfahren* Mind-Map, Diskussion	Fachwissen, Erkenntnisgewinnung durch Methoden, Beurteilung und Bewertung, Kommunikation	1
10	Internationale Schritte gegen den Klimawandel: Das Kyoto-Protokoll und die UN-Klimakonferenz	*Erarbeitendes Verfahren* Gruppenarbeit	Fachwissen, Erkenntnisgewinnung durch Methoden, Kommunikation	1
11	Nationale Schritte gegen den Klimawandel: Emissionshandel und Ökosteuer	*Erarbeitendes Verfahren* Textarbeit	Fachwissen, Erkenntnisgewinnung durch Methoden, Beurteilung und Bewertung	1
12	Nationale Schritte gegen den Klimawandel: Emissionshandel und Ökosteuer	*Genetisches Verfahren* Diskussion	Kommunikation, Beurteilung und Bewertung	1
13	Klimaschutz geht uns alle an- Energie sparen im Alltag	*Erarbeitendes Verfahren* Brainstorm	Fachwissen, Erkenntnisgewinnung durch Methoden, Beurteilung und Bewertung	1
14	Klimaschutz geht uns alle an- Energie sparen im Alltag	*Erarbeitendes Verfahren* Werbeposter für den Klimaschutz	Erkenntnisgewinnung durch Methoden, Beurteilung und Bewertung, Kommunikation	1

<u>**Thema der Unterrichtsstunde:**</u>

Der anthropogene Treibhauseffekt

<u>**Ziel der Unterrichtsstunde:**</u>

Die SuS sollen den Zusammenhang von natürlichem und anthropogenem Treibhauseffekt kennen sowie die Ursachen[12] und Auswirkungen[13] des anthropogenen Treibhauseffekts darstellen

.

<u>**Teillernziele:**</u>

Die SuS sollen...

1...ihr Vorwissen[14] zum Thema „natürlicher Treibhauseffekt" reaktivieren, indem sie eine Abbildung (M1) zum natürlichen Treibhauseffekt beschreiben.

2...das Stundenthema herleiten, indem sie den Schlagzeilen der Zeitung (M2) relevante Informationen entnehmen und Vermutungen anstellen, wie die erwähnten Naturkatastrophen mit dem (natürlichen) Treibhauseffekt zusammenhängen könnten.

3...die Ursachen und Auswirkungen des Treibhauseffekts analysieren, indem sie...

    a)...einen Text zum anthropogenen Treibhauseffekt (M4) mithilfe farblicher Markierungen nach Ursachen und Auswirkungen strukturieren.

    b)...zusammen mit ihrem Partner ein Wirkungsgefüge (M5) zum anthropogenen Treibhauseffekt ausfüllen und so eine Verbindung der Ursachen und Auswirkungen herstellen.

    c)... zusammen mit ihrem Partner mithilfe einer Tippkarte (M6) ein Wirkungsgefüge zum anthropogenen Treibhauseffekt ausfüllen und so eine Verbindung der Ursachen und Auswirkungen herstellen (qualitative Differenzierung).

4...ihr erworbenes Wissen anwenden und festigen, indem sie...

    a)... einen Lückentext zum natürlichen und anthropogenen Treibauseffekt ausfüllen (quantitative Differenzierung).

    b)... Aussagen zum Klimawandel als richtig oder falsch bewerten und dazu begründet mündlich Stellung nehmen.

5...sich der Ausmaße des Klimawandels bewusst werden, indem sie die Karikatur: „Wir haben die Erde von unseren Kindern nur geliehen" beschreiben und interpretieren (didaktische Reserve)

---

[12] Verstärkung des natürlichen Treibhauseffektes durch mehr Treibhausgase (CO^2, Stickstoff, Methan,FCKW) in der Luft (bedingt durch Autoverkehr, fossile Energieträger, Landwirtschaft, die Rodung des Regenwaldes und die Nutzung von Kühl- und Lösemitteln).

[13] Erderwärmung, dadurch nimmt die Luft mehr Wasser auf, Gletscher und Polkappen schmelzen und es gibt größere Luftdruckunterschiede. Dadurch wiederum kommt es zu Naturkatastrophen wie Erdrutschen und Überschwemmungen.

[14] Treibhausgase bilden eine Isolationsschicht für die Atmosphäre ,der THE sorgt für eine angenehme Durchschnittstemperatur von 15°C auf der Erde, ohne gäbe es Durchschnittstemperaturen von -18°C auf der Erde

Geplanter Unterrichtsverlauf

Zeit:	Phase	SAO-Formen	Lehrer-und Schüleraktivitäten	Medien (+Produkte)	TLZ
10:50-10:58 Uhr	Einstieg	KV LA SÄ LÄ SÄ LA SÄ LÄ SÄ LÄ	-Begrüßung -LiV zeigt eine Skizze des natürlichen Treibhauseffekts (THE) -SuS äußern sich zu der Skizze -LiV fragt ggf. warum der natürliche THE so wichtig für das Leben auf der Erde ist -SuS äußern sich -LiV zeigt ein Zeitungstitelblatt mit Artikeln und Fotos zu verschiedenen Naturkatastrophen -SuS äußern sich -LiV fragt SuS nach dem Zusammenhang zwischen den Zeitungsartikeln und dem (natürlichen) Treibhauseffekt) -SuS äußern Vermutungen -LiV nennt das Stundenthema und leitet zum Vorgehen der Stunde über	Smartboard, M1 M2	1 2
10:58-11:02 Uhr	Hinführung zur Erarbeitung	KV,LA SA LÄ SA	-LiV visualisiert den Ablauf der Erarbeitung -SoS liest AA vor und wiederholt diesen in eigenen Worten -LiV gibt Zeittransparenz und verweist auf quantitative und qualitative Differenzierung -LiV lässt zwei SuS die Arbeitsblätter verteilen	M3	
11:02-11:22 Uhr	Erarbeitung	EA,SA PA,SÄ	-SuS bearbeiten den ersten Teil des Arbeitsblatts alleine (lesen und unterstreichen) -Sobald beide Partner mit dem ersten Teil fertig sind, füllen sie zu zweit das Wirkungsgefüge aus -SuS gleichen ihre Ergebnisse anschließend mit dem Lösungsvorschlag ab -_Qualitative Differenzierung_: SuS, die Schwierigkeiten mit dem Wirkungsgefüge haben, können sich am Pult eine Tippkarte abholen -_Quantitative Differenzierung:_ SuS, die vor Ablauf der Zeit fertig sind, bearbeiten das Arbeitsblatt M8 und vergleichen ihre Ergebnisse anschließend mit M9	M4 M5 M7 M6 M8, M9	3a 3b 3c 4a

11:22- 11:35 Uhr	Sicherung	LA LA SA SÄ	-AS beendet die PA-Phase -LiV liest nacheinander Aussagen vor, die sich auf die Entstehung dieser Natur- katastrophen sowie den Klimawandel allgemein beziehen -SuS stimmen anhand farblicher Karteikarten ab, ob diese Aussagen richtig oder falsch sind. -SuS begründen ihre Wahl, die anderen SuS und LiV geben ggf. Hilfestellung	M10, rote und grüne Kärtchen	4b
	Didaktische Reserve	LA	-LiV zeigt die Karikatur „Wir haben die Erde von unseren Kindern nur geliehen" -SuS äußern sich gemäß des Dreischritts „Ich sehe…, ich denke… ich frage mich…" zu der Karikatur	M12	5

Erklärungen: SAO-Formen= Sozial, Arbeits- und Organisationsformen, **LA**= Lehreraktivität, **LÄ**= Lehreräußerung, **SÄ**= Schüleräußerung, **SA**= Schüleraktivität, **SoS**= Schüler oder Schülerin **EA**= Einzelarbeit, **PA**= Partnerarbeit **M**= Material, **KV**= Klassenverband, **AS**= akustisches Signal

<u>**Anmerkungen zur Situation der Klasse**</u>

Seit dem 25.02.2015 unterrichte ich die Realschulklasse 10bRS im Rahmen des eigenverant-wortlichen Unterrichts mit einer Stunde pro Woche. Die Lerngruppe setzt sich aus 26 SuS (18 Mädchen/ 8 Jungen) im Alter von 15-17 Jahren zusammen. Aus **entwicklungspsychologischer Sicht** befinden sich die SuS der Stufentheorie Piagets[15] zufolge auf der Stufe der formalen Operation bzw. haben diese abgeschlossen. Die SuS sind in diesem Stadium in der Lage, Probleme vollständig auf der hypothetischen Ebene zu lösen, logische Schlussfolgerungen zu ziehen sowie Variablen geistig zu variieren. In Bezug auf die gezeigte Unterrichtsstunde bedeutet dies, dass die SuS den Zusammenhang zwischen Klimawandel und Naturkatastrophen herstellen können. Sie sind außerdem in der Lage, Ursachen und Auswirkungen der Klimaveränderungen einander zuzuordnen. Die Lernbereitschaft und Motivation der Lerngruppe im Fach Erdkunde ist als hoch zu bewerten und zeichnet sich durch eine engagierte Teilnahme am Erdkundeunterricht aus. Die SuS zeigen folglich auch in dieser Unterrichtseinheit Interesse und beteiligen sich rege. Daher gehe ich davon aus, dass die SuS durch den gezeigten Bildimpuls M1 sowie die Zeitungsartikel (M2) motiviert sind, sich am Unterrichtsgeschehen zu beteiligen. Das **Leistungsvermögen** der Lerngruppe ist durch Hetero-genität gekennzeichnet, wenngleich sich ein Großteil der SuS auf einem durchschnittlichem bis guten **Leistungsniveau** befindet. Besonders xxxxxxxxxxxxxxxxxxxxxxxxxxxxxxxxxxxx sind in der Lage, geographische Zusammenhänge schnell zu erfassen und diese in einen geographischen Gesamt-kontext einzuordnen. Folglich erwarte ich gerade von ihnen im Einstieg und in der Sicherungsphase eine hohe Beteiligung. Als eher schwächere SuS sind xxxxxxxxxxxxxxxxxxx zu nennen. Sie lassen sich teilweise durch andere SuS ablenken, wirken unkonzentriert und haben manchmal Probleme, Sachtexte inhaltlich zu verstehen. Als Hilfestellung wird diesen SuS ein leistungsstärkerer Partner zugeordnet, zudem liegen Tippkarten für die Partnerarbeit bereit **(qualitative Differen-zierung)**. Da die Methode des Wirkungsgefüges den SuS nicht bekannt ist, gehe ich allerdings davon aus, dass mehr SuS die Tippkarten nutzen werden. Das Arbeitstempo innerhalb der Klasse ist heterogen. Besonders schnell arbeiten hierbei Annika, Justina und Mieke. SuS wie Gizem, Emely und Jan haben oft Probleme, in der vorgegebenen Zeit ihre Arbeitsaufträge fertig zu stellen. Um dem heterogenen Arbeitstempo der SuS zu entsprechen, liegt für Einzel- und Partnerarbeit eine Zusatz-aufgabe bereit **(quantitative Differenzierung)**. Die Klasse zeigt ein positives und homogenes **Arbeitsverhalten**. Die Aufgaben werden selbstständig, pflichtbewusst und in einem angemessenen Umfang erledigt, so dass ich diesbezüglich keine Schwierigkeiten erwarte. Das **Sozialverhalten** innerhalb der Klasse ist positiv. Die SuS gehen freundlich miteinander um, zeigen sich hilfsbereit, arbeiten kooperativ während der Partner- und Gruppenarbeiten und halten sich an die vereinbarten Regeln der Schule und Klasse. Die eingesetzten **Sozial-, Arbeits- und Organisationsformen**[16] sind den SuS bekannt und werden beherrscht. Bezüglich der **methodischen Lernausgangslage** lässt sich sagen, dass die SuS die Arbeit mit Abbildungen, Texten, Lückentexten sowie Karikaturen vertraut ist. Lediglich die

---

[15] Vgl. Leanfrancois, G., S.218
[16] Meldekette, Lehrer-Schüler-Gespräch, Einzelarbeit, Partnerarbeit

Methode des Wirkungsgefüges ist den SuS nicht bekannt, allerdings hilft ihnen hier bei Bedarf die Tippkarte weiter. Sollten dennoch Probleme auftreten, werde ich den SuS beratend zur Seite stehen.

Literatur:

Bundeszentrale für politische Bildung: *Umweltbewusstsein und Klimaschutz M02.03.: Der anthropogene Treibhauseffekt- Ursachen und Folgen.* Online unter: http://www.bpb.de/lernen/grafstat/134874/m-02-03-der-anthropogene-treibhauseffekt-ursachen-und-folgen Zuletzt aufgerufen am: 25.08.2015

Hagemann, Reingard: *Treibhaus Erde- Ein Leben hinter Glasscheiben?* In: Praxis Geographie, 5/2005, Westermann: Berlin, S.10-13

Fischer, Peter und Flath Martina: *Unsere Erde Realschule Niedersachsen 9/10.* Berlin 2010, S. 154-165

Leanfrancois, G. (Hrsg.): Psychologie des Lernens; 4. überarbeitete und erweiterte Auflage. Springer Verlag, Heidelberg 2006

Ludwig, Karl-Heinz: Eine kurze Geschichte des Klimas: Von der Entstehung der Erde bis heute. C.H. Beck, München 2006

Niedersächsisches Kerncurriculum (Hrsg.) Kerncurriculum für die Realschule. Schuljahrgänge 5-10 Erdkunde. Hannover, 2014, S.16-20

Stockrahm, Sven: Klimawandel: Supertaifun ist erst der Anfang. Online unter: http://www.zeit.de/wissen/umwelt/2013-11/super-taifun-haiyan-klimawandel-extremwetter Zuletzt aufgerufen am 26.08.2015

<u>**Anhangsverzeichnis**</u>

Anhang	Name	Quelle	S.
M1	Einstiegsfolie mit erwarteten Schüler-äußerungen	http://www.klimafit.at/bilder/treibhaus1.jpg Aufgerufen am: 25.08.2015	13
M2	Zeitung „die Zeit"	Eigener Entwurf Textquellen: -http://www.wetter.de/cms/schwere-unwetter-und-erdrutsche-in-italien-2411856.html Aufgerufen am: 08.09.2015 -http://www.dw.com/de/japan-erwartet-super-taifun/a-17762943 Aufgerufen am: 08.09.2015 http://www.faz.net/aktuell/gesellschaft/ungluecke/burma-mindestens-100-tote-bei-ueberschwemmungen-137 43108.html -http://www.sueddeutsche.de/news/panorama/wetter-tief-zeljko-bringt-orkanartige-stuerme-dpa.urn-newsml-dpa-com-20090101-150725-99-02814 -http://www.zeit.de/wirtschaft/2013-06/fs-kirbati-2 <u>Bildquellen:</u> http://www.transzendent.ch/jumla/images/berschwemmung0_2.jpg. Aufgerufen am 14.09.2015 http://autoimg.static-fra.de/vl09/351307_2_16x9/608x342/tote-bei-unwettern-in-italien-und-frankreich.jpg Aufgerufen am. 14.09.2015 http://bilder.t-online.de/b/70/15/34/08/id_70153408/610/tid_da/der-taifun-neoguri-hat-suedjapan-mit-voller-wucht-getroffen.jpg	14
M3	Ablauf Erarbeitung	Eigener Entwurf <u>Piktogramme:</u> http://media.4teachers.de/images/thumbs/image_thumb.7531.png Aufgerufen am: 15.06.2015 http://media.4teachers.de/images/thumbs/image_thumb.7533.png Aufgerufen am: 15.06.2015	15

M4	Arbeitsblatt	Eigener Entwurf Textquellen: - Fischer, Peter und Flath Martina: *Unsere Erde Realschule Niedersachsen 9/10*. Berlin 2010, S. 154-165 - Ludwig, Karl-Heinz: Eine kurze Geschichte des Klimas: Von der Entstehung der Erde bis heute. C.H. Beck, München 2006 Bildquelle: http://www.bpb.de/cache/images/6/134876-3x2-original.jpg?FD4E0 Aufgerufen am: 25.08.2015 Piktogramme: s.M3	16
M5	Wirkungsgefüge	Eigener Entwurf	17
M6	Tippkarte Wirkungsgefüge	Eigener Entwurf	18
M7	Lösungsvorschlag Wirkungsgefüge	Eigener Entwurf	19
M8	Lückentext	Eigener Entwurf Textquellen: - Hagemann, Reingard: *Treibhaus Erde- Ein Leben hinter Glasscheiben?* In: Praxis Geographie, 5/2005, Westermann: Berlin, S.10-13 -http://www.bpb.de/lernen/grafstat/134874/m-02-03-der-anthropogene-treibhauseffekt-ursachen-und-folgen Aufgerufen am: 03.09.2015	20
M9	Lösung Lückentext	Eigener Entwurf	21
M10	Statements für die Sicherungsphase mit Lösungen	Eigener Entwurf	22
M11	Didaktische Reserve-Karikatur	http://www.wiedenroth-karikatur.de/KariAblage201105/20110512_Naturkatastrophen_Oekologismus.jpg Aufgerufen am: 15.09.2015 Bildquellen: http://sr.photos3.fotosearch.com/bthumb/CSP/CSP561/k5611737.jpg Aufgerufen am: 09.09.2015 http://image4.spreadshirtmedia.net/image-server/v1/compositions/24515387/views/1,width=235,height=235,appearanceId=1/Fragezeichen.jpg Aufgerufen am: 09.09.2015 http://shirta.de/media/catalog/product/cache/1/small_image/295x295/9df78eab33525d08d6e5fb8d27136e95/d/	23

		e/denkblase-d75429208.png Aufgerufen am: 09.09.2015	
M12	-Oberschulen		24

1. 🖼 Lies den Text. <u>Unterstreiche</u>: In blau: Die Ursachen des anthropogenen Treibhauseffekts, in rot: Die Auswirkungen des Treibhauseffekts.

2. 🖼🖼 <u>Vervollständige</u> zusammen mit Deinem Partner <u>das Wirkungsgefüge</u> (M4). **Wenn ihr Hilfe benötigt, holt euch die Tippkarte.** 💡

3. 🖼🖼 Vergleicht eure Lösung mit dem <u>Lösungsvorschlag</u> (Pult)

Ihr habt bis 11:22 Uhr Zeit! ⏰

*Wenn ihr vor Ablauf der Zeit fertig seid, bearbeitet die **Zusatzaufgabe**, die auf dem Pult bereit liegt!*

Aufgaben:

1. Lies den Text. Unterstreiche: In blau: Die Ursachen des anthropogenen Treibhauseffekts, in rot: Die Auswirkungen des Treibhauseffekts.

2. Fülle das Wirkungsgefüge zusammen mit Deinem Partner aus. Vergleicht anschließend mit dem Lösungsvorschlag.

Der anthropogene Treibhauseffekt (ATHE)

In der letzten Stunde haben wir erfahren, warum der natürliche Treibhauseffekt (THE) für das Leben auf der Erde unverzichtbar ist. Dieser eigentlich normale Vorgang wird seit Beginn des letzten Jahrhunderts durch den Einfluss des Menschen erheblich verstärkt.

Im letzten Jahrhundert hat die Konzentration von Treibhausgasen in der Atmosphäre dramatisch zugenommen. Die **CO_2**-Werte in der Luft stiegen hierbei vor allem durch die Nutzung fossiler Brennstoffe (Kohle, Erdgas, Erdöl) sowie die Zunahme des Straßenverkehrs. Weitere Ursachen sind die Landwirtschaft (Stickstoffdüngung, Methanproduktion durch Viehzucht), die Rodung des tropischen Regenwaldes sowie die Nutzung von Kühl- und Lösemitteln wie FCKW.

Die Atmosphäre wird also durch den Einfluss des Menschen immer dichter (das atmosphärische Fenster wird immer kleiner), weil immer mehr Treibhausgase in die Lufthülle gelangen. Die Sonnenstrahlung dringt weiterhin ein, die Wärme kann nun aber schlechter entweichen. Der natürliche Treibhauseffekt wird dadurch verstärkt. Die Folge: Auf der Erde wird es wärmer.

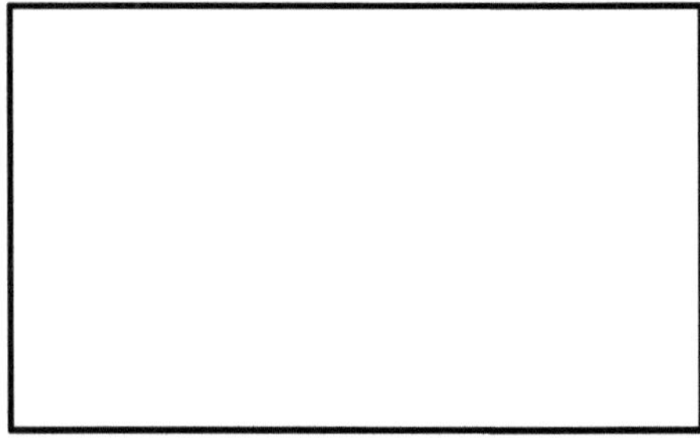

Grafik"Der Treibhauseffekt" aus urheberrechtlichen Gründen entfernt. Zu finden hier:
http://www.seilnacht.com/Lexikon/Treibh.htm

Die immer häufigeren und extremeren Unwetter sind Folge dieser Klimaänderung. Eine Auswirkung des Temperaturanstiegs ist, dass die Luft nun mehr Wasser aufnehmen kann. Dies führt zu einer Zunahme der Wasserverdunstung, dadurch entstehen Starkregenfälle. Die Starkregenfälle führen zu Überschwemmungen und Flutkatastrophen. Durch lang anhaltende, häufige und starke Regenfälle wird auch der Boden angegriffen und letztlich abgetragen, es kommt zu Erdrutschen.

Eine weitere Folge der Aufheizung der Atmosphäre ist das Abschmelzen der Gletscher und Polkappen, das wiederum zum Anstieg des Meeresspiegels führt. Dadurch kommt es einerseits zu Überflutungen von Küstengebieten (Flutkatastrophen), andererseits drohen, besonders kleine Inseln gänzlich im Meer zu versinken. Weiterhin führt die Aufheizung der Atmosphäre zu zunehmenden Luftdruckunterschieden. Dies wiederum bedeutet eine Zunahme von Stürmen und Orkanen, da es zu erhöhten Ausgleichsströmungen kommt.

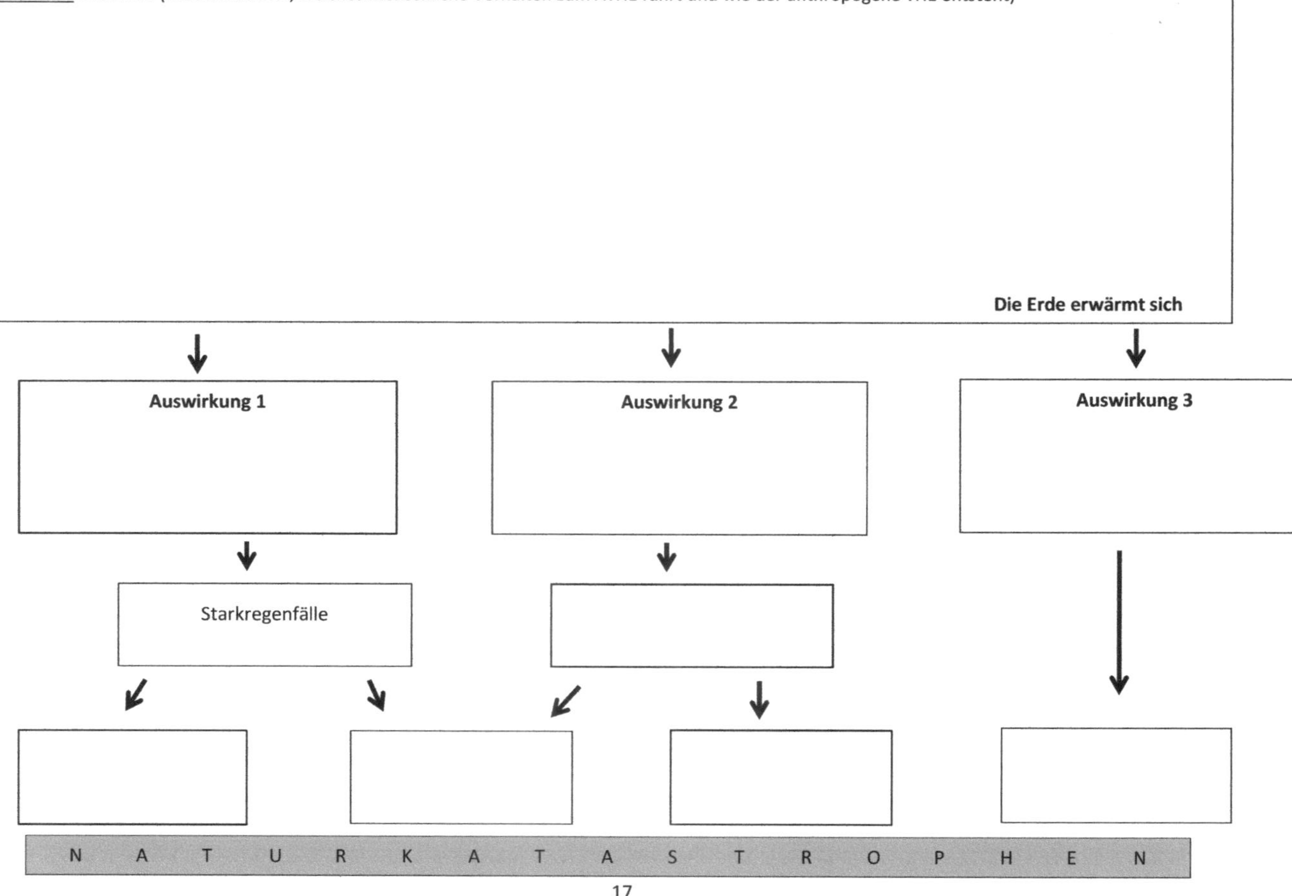

Ursachen des ATHE (Beschreibe hier, welches menschliche Verhalten zum ATHE führt und wie der anthropogene THE entsteht)
Die Erde erwärmt sich
Auswirkung 1
Auswirkung 2
Auswirkung 3
Starkregenfälle
N A T U R K A T A S T R O P H E N

Die ausgefüllten Kästchen helfen Dir, die richtigen Textstellen zu finden. Übertrage die vorgegebene Information in Dein Arbeitsblatt und fülle <u>dort</u> das Wirkungsgefüge weiter aus.

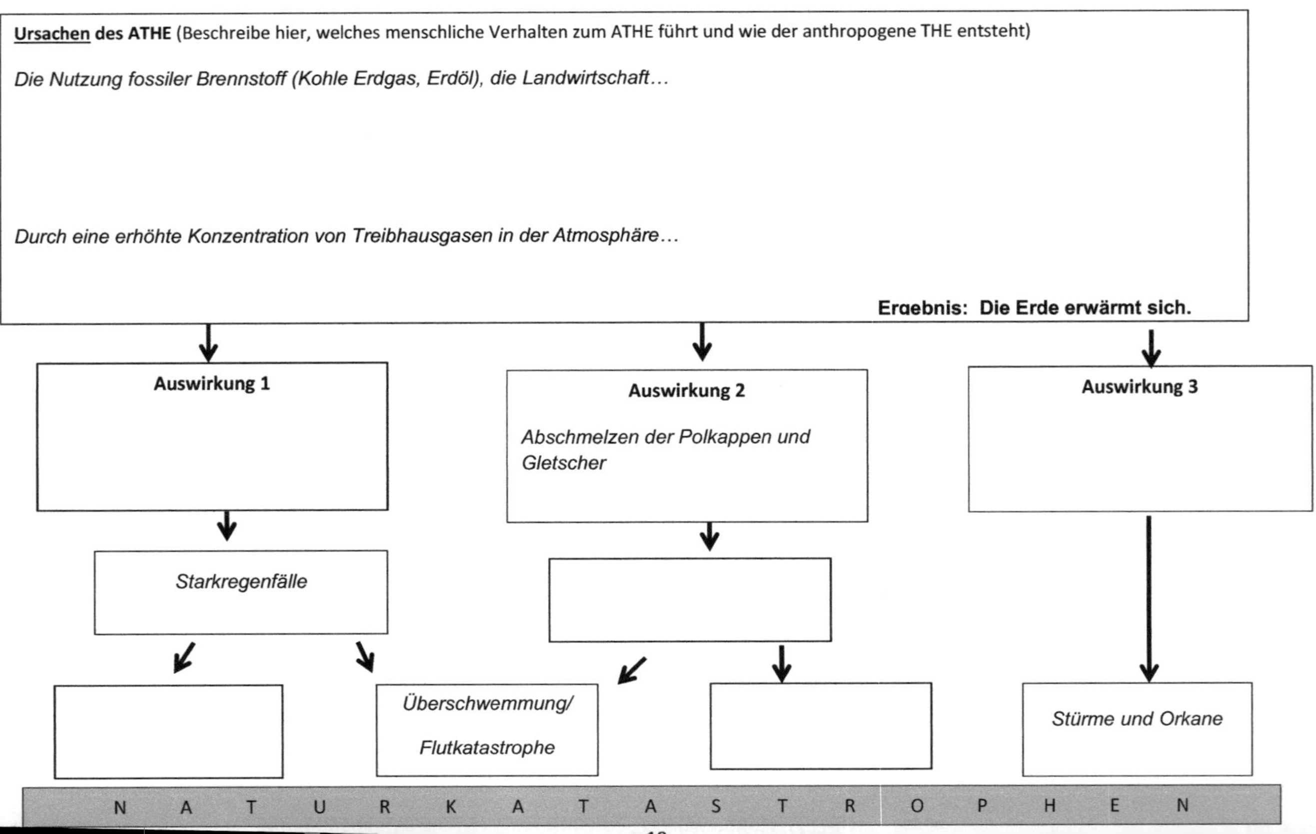

*__Ursachen__ des **ATHE** (Beschreibe hier, welches menschliche Verhalten zum ATHE führt und wie der natürliche THE zum anthropogenen THE wurde)*

Die Nutzung fossiler Brennstoffe (Kohle, Erdgas, Erdöl), die Landwirtschaft (Stickstoffdüngung, Methanproduktion durch Viehzucht), die Rodung des tropischen Regenwaldes und die Nutzung von Kühl- und Lösemitteln wie FCKW führen zu einem dramatischen Anstieg der Konzentration von Treibhausgasen in der Atmosphäre. Der natürliche THE wird dadurch erheblich verstärkt. Die Atmosphäre wird immer dichter, die Wärme kann schlechter entweichen. Ergebnis: **Die Erde erwärmt sich.**

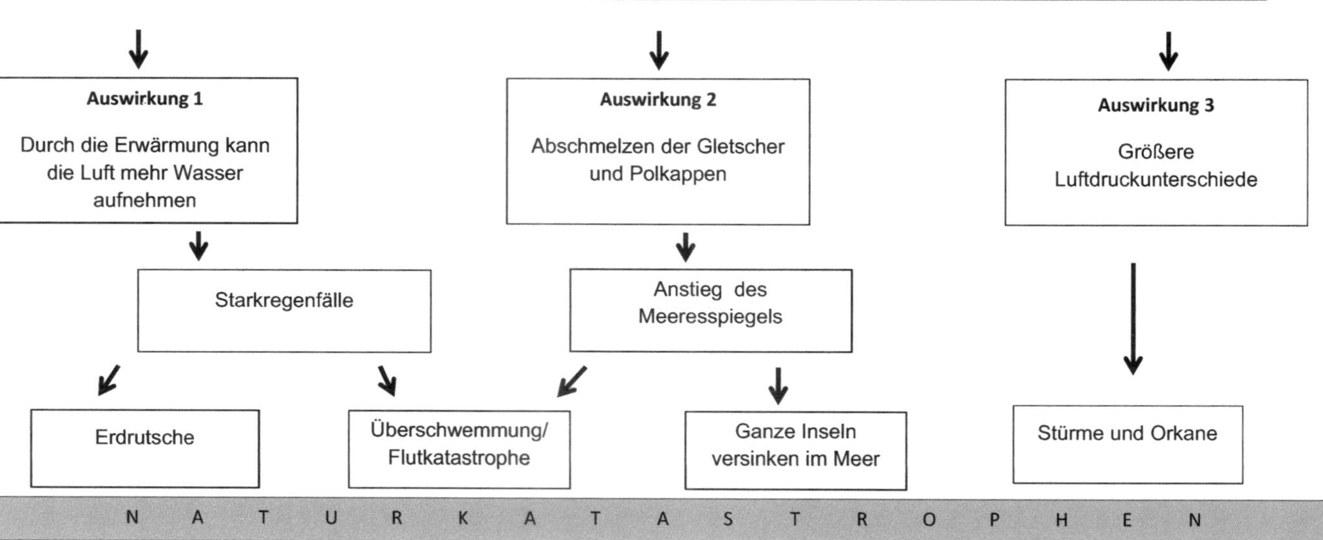

Aufgabe: Setze die fehlenden Begriffe in die Lücken ein!

Naturkatastrophen	**Treibhausgasen**	**verstärken**	**Erdoberfläche**	**geringer**
	Weltraum	**Atmosphäre**	**Klima**	**erwärmte**
Viehhaltung	**natürlichen**	**Durchschnittstemperatur**	**Bodennähe**	

Den _________________Treibhauseffekt gab es bereits vor dem Einfluss des Menschen, seitdem es

die Erde gibt. Die Sonne strahlt Energie in Form von elektromagnetischen Strahlen zur Erde. Diese

Energie trifft jedoch zunächst auf die _____________________,die die Erde wie eine Schutzhülle

umgibt. Ein Teil der Energie, etwa 50% der Strahlung, erreicht die Erde und trifft dort auf

verschiedenste Landschaften wie Wälder, Ozeane, Wüste, Savannen. Die Erde nimmt die

Sonnenenergie je nach Oberfläche unterschiedlich gut auf. Insgesamt wird die _________-

_________________aber erwärmt. Die _________________Erde strahlt nun ihrerseits Energie

zurück in Richtung _______________. Jedoch gelangt nur ein _______________Teil dieser

Strahlung wieder in den Weltraum. Der Großteil der Wärmestrahlung, der von der Erde

zurückgesendet wird, wird von den _____________________ gebunden und wieder zurück zur

Erde geschickt. Die Wärme kann kaum entweichen, die Temperatur in _________________steigt.

Der natürliche Treibhauseffekt ist zentral für das _______________auf der Erde. Durch ihn liegt die

_________________________________auf der Erde bei ca. 15°C anstatt bei -18°C.

Der natürliche Treibhauseffekt findet auch ohne den Menschen statt und ist notwendig, damit die

Erde überhaupt bewohnbar ist. Durch unsere Lebensweise beeinflussen wir Menschen jedoch die

Umwelt. Durch Industrie, _____________________, Straßenverkehr, Brandrodung und die

Betreibung von Kraftwerken wurden durch den Menschen in den letzten 100 Jahren immer mehr

Treibhausgase produziert. Diese gelangen in die Luft und _________________ den erwärmenden

Effekt. Der Anstieg der Durchschnittstemperatur auf der Erde hat verheerende Auswirkungen auf das

Klima und die Natur. Es kommt zu immer extremeren Wetterlagen und

_________________________________ wie Erdrutschen, Überschwemmungen oder Orkanen.

Aufgabe: Setze die fehlenden Begriffe in die Lücken ein!

Naturkatastrophen	Treibhausgasen	verstärken	Erdoberfläche	geringer
Weltraum	Atmosphäre	Klima	erwärmte	
Viehhaltung	natürlichen	Durchschnittstemperatur	Bodennähe	

Den *natürlichen* Treibhauseffekt gab es bereits vor dem Einfluss des Menschen, seitdem es die *Erde* gibt. Die Sonne strahlt Energie in Form von elektromagnetischen Strahlen zur Erde. Diese Energie trifft jedoch zunächst auf die *Atmosphäre,* die die Erde wie eine Schutzschicht umgibt. Ein Teil der Energie, etwa 50% der Strahlung, erreicht die Erde und trifft dort auf verschiedenste Landschaften wie Wälder, Ozeane, Wüste, Savannen. Die Erde nimmt die Sonnenenergie je nach Oberfläche unterschiedlich gut auf. Insgesamt wird die *Erdoberfläche* aber erwärmt. Die *erwärmte* Erde strahlt nun ihrerseits Energie zurück in Richtung *Weltraum*. Jedoch gelangt nur ein *geringer* Teil dieser Strahlung wieder in den Weltraum. Der Großteil der Wärmestrahlung, der von der Erde zurückgesendet wird, wird von den *Treibhausgasen* gebunden und wieder zurück zur Erde geschickt. Die Wärme kann kaum entweichen, die Temperatur in *Bodennähe* steigt. Der natürliche Treibhaus- effekt ist zentral für das *Klima* auf der Erde. Durch ihn liegt die *Durchschnittstemperatur* auf der Erde bei ca. 15°C anstatt bei -18°C.

Der natürliche Treibhauseffekt findet auch ohne den Menschen statt und ist notwendig, damit die Erde überhaupt bewohnbar ist. Durch unsere Lebensweise beeinflussen wir Menschen jedoch die Umwelt. Durch Industrie, Landwirtschaft, Straßenverkehr, Brandrodung und die Betreibung von Kraftwerken wurden in den letzten 100 Jahren immer mehr Treibhausgase produziert. Diese gelangen in die Luft und *verstärken* den erwärmenden Effekt. Der Anstieg der Durchschnittstemperatur auf der Erde hat verheerende Auswirkungen auf das *Klima* und die Natur. Es kommt zu immer extremeren Wetterlagen und *Naturkatastrophen* wie Erdrutschen, Überschwemmungen oder Orkanen.

„Hoher Fleischkonsum und Massentierhaltung verstärken den Treibhauseffekt" → wahr. Durch Landwirtschaft kommt es zu Methan-Ausstößen, Methan ist ein Treibhausgas und verstärkt den (anthropogenen) Treibhauseffekt.

„Der Anstieg des Meeresspiegels wird durch zunehmende Starkregenfälle verursacht." → falsch. Aufgrund des Abschmelzens von Gletschern und Polkappen steigt der Meeresspielgel

Starkregenfälle entstehen dadurch, dass warme Luft weniger Wasser aufnehmen kann. → falsch. Warme Luft kann mehr Wasser aufnehmen und daher mehr Feuchtigkeit transportieren. Wenn die warme Luft aufsteigt, kühlt sie jedoch ab und es kommt zu starken Regenfällen.

„Eine Reduzierung von Autos auf unseren Straßen hätte auf unser Klima keine Auswirkungen." → falsch, da weniger Autos weniger CO^2 bedeuten würden, CO^2 ist ein Treibhausgas, also mit für den Klimawandel verantwortlich.

„Die Nutzung von fossilen Brennstoffen hat maßgeblich zur Verstärkung des Treibhauseffekts beigetragen." → richtig. Kohle- und Erdgaskraftwerke führten zu einem Anstieg von CO2 in der Luft.

„Das Verbot von FCKWs in den 1980er Jahren war ein erster Schritt zur Eindämmung des Klimawandels" →richtig. FCKW ist ein Treibhausgas und begünstigt daher beteiligt am anthropogenen Treibhauseffekt.

"... diese Katastrophenkugel könnt ihr gern behalten!"

Quelle: http://www.wiedenroth-karikatur.de/KariAblage201105/20110512_Naturkatastrophen_Oekologismus.jpg

Ich sehe... 👁   Ich denke... 💡   Ich frage mich... 💭❓

Ich sehe...	...einen (alten) Mann mit Bart, der eine völlig kaputte Weltkugel in den Händen hält. Neben ihm steht eine/seine Frau.
	... wie der Mann diese Weltkugel einem/seinem Baby übergibt, das in einer Wiege liegt.
	...dass das Baby hustet und die Augen schließt.
	...der Vater sagt zu (seinem) Baby: „Wir haben die Erde nur von Dir geliehen"
	...das Baby antwortet: „Verzichte"
Ich denke...	...die jetzige Generation macht die Erde kaputt.
	...wir denken nicht über die Zukunft nach
	...unsere Kinder müssen unser jetziges Verhalten „ausbaden"
	...wir sollten an die nachfolgenden Generationen denken
Ich frage mich...	...wie es mit dem Klima weitergeht
	...was wir tun können, um die Entwicklung des Klimawandels aufzuhalten
	...ob die Menschen ihr Handeln ändern werden